2급 암산 급수

대한암산수학연구소

걸린시간 : _____ 분 _____ 초

1	2	3	4	5
23	268	35	235	12
-17	44	-23	-49	256
245	-56	267	124	158
-31	676	-45	93	-68
725	-84	58	-12	43
-56	68	126	35	-59
78	-25	-41	-31	-85

6	7	8	9	10
589	51	597	456	46
-44	34	46	24	168
-91	-27	-71	-87	-51
829	213	-58	-25	26
47	-49	148	119	-90
21	165	-59	-74	316
-55	-63	36	64	-12

점수

확인

대한암산수학연구소

걸린시간 : _____ 분 _____ 초

1	$34 \times 29 =$
2	$16 \times 19 =$
3	$28 \times 45 =$
4	$63 \times 27 =$
5	$54 \times 56 =$
6	$26 \times 79 =$
7	$46 \times 41 =$
8	$12 \times 85 =$
9	$37 \times 71 =$
10	$65 \times 39 =$
11	$4108 \times 7 =$
12	$1567 \times 6 =$
13	$3453 \times 4 =$
14	$2165 \times 2 =$
15	$8932 \times 9 =$
16	$2 \times 5081 =$
17	$3 \times 4699 =$
18	$8 \times 7564 =$
19	$5 \times 6325 =$
20	$4 \times 2219 =$

점수		확인	

걸린시간 : _____ 분 _____ 초

1	$768 \div 96 =$	
2	$483 \div 69 =$	
3	$255 \div 51 =$	
4	$423 \div 47 =$	
5	$680 \div 85 =$	
6	$246 \div 82 =$	
7	$456 \div 76 =$	
8	$245 \div 35 =$	
9	$114 \div 19 =$	
10	$280 \div 40 =$	
11	$187 \div 17 =$	
12	$481 \div 37 =$	
13	$522 \div 29 =$	
14	$260 \div 26 =$	
15	$588 \div 42 =$	
16	$732 \div 61 =$	
17	$900 \div 75 =$	
18	$752 \div 47 =$	
19	$798 \div 57 =$	
20	$902 \div 82 =$	

점수

확인

걸린시간 : _____ 분 _____ 초

1	2	3	4	5
46	528	93	24	635
268	-35	82	791	24
-87	276	-24	-56	-72
-45	59	536	-83	15
156	89	-49	54	209
-79	-45	-75	-16	-59
13	-68	413	497	-36

6	7	8	9	10
459	15	54	750	327
-25	798	39	-11	58
138	-51	-48	47	-62
-89	-98	459	468	169
66	237	-67	-59	78
-79	52	258	-41	-32
40	-47	-97	21	-49

점수

확인

걸린시간 : _____ 분 _____ 초

1	55 × 63 =
2	24 × 59 =
3	89 × 27 =
4	21 × 18 =
5	57 × 65 =
6	69 × 32 =
7	31 × 78 =
8	54 × 74 =
9	19 × 93 =
10	47 × 22 =
11	3177 × 5 =
12	6982 × 8 =
13	5695 × 3 =
14	2658 × 2 =
15	8319 × 9 =
16	7 × 9021 =
17	8 × 4564 =
18	6 × 1506 =
19	3 × 2346 =
20	4 × 7593 =

| 점수 | | 확인 | |

걸린시간 : _____ 분 _____ 초

1	216 ÷ 36 =
2	342 ÷ 38 =
3	243 ÷ 27 =
4	464 ÷ 58 =
5	276 ÷ 46 =
6	402 ÷ 67 =
7	234 ÷ 78 =
8	445 ÷ 89 =
9	632 ÷ 79 =
10	236 ÷ 59 =
11	221 ÷ 17 =
12	195 ÷ 15 =
13	840 ÷ 56 =
14	451 ÷ 41 =
15	504 ÷ 28 =
16	285 ÷ 19 =
17	476 ÷ 34 =
18	525 ÷ 35 =
19	979 ÷ 89 =
20	384 ÷ 32 =

점수		확인	

걸린시간 : _____ 분 _____ 초

1	2	3	4	5
549	259	357	727	56
−86	−67	15	−95	−43
667	263	−74	43	27
54	49	−59	−56	619
−46	−33	162	439	318
35	−67	−43	−21	−74
−29	71	79	84	−82

6	7	8	9	10
534	26	234	345	249
−75	−17	56	−32	−67
317	427	−43	78	78
59	−39	−29	−67	91
−61	223	311	−59	152
38	−61	−97	257	−83
−16	58	12	72	−54

점수	
확인	

걸린시간 : _____ 분 _____ 초

1	$41 \times 12 =$
2	$78 \times 52 =$
3	$85 \times 37 =$
4	$46 \times 26 =$
5	$19 \times 73 =$
6	$29 \times 45 =$
7	$38 \times 84 =$
8	$65 \times 91 =$
9	$94 \times 57 =$
10	$63 \times 36 =$
11	$2031 \times 7 =$
12	$3489 \times 8 =$
13	$5267 \times 3 =$
14	$8216 \times 6 =$
15	$2418 \times 5 =$
16	$4 \times 6365 =$
17	$2 \times 9352 =$
18	$9 \times 1789 =$
19	$8 \times 4234 =$
20	$7 \times 7903 =$

점수

확인

걸린시간 : _____ 분 _____ 초

1	$432 \div 72 =$
2	$186 \div 31 =$
3	$324 \div 81 =$
4	$168 \div 24 =$
5	$621 \div 69 =$
6	$216 \div 27 =$
7	$344 \div 43 =$
8	$304 \div 76 =$
9	$441 \div 63 =$
10	$328 \div 82 =$
11	$612 \div 17 =$
12	$276 \div 23 =$
13	$544 \div 34 =$
14	$736 \div 46 =$
15	$561 \div 51 =$
16	$672 \div 28 =$
17	$555 \div 37 =$
18	$798 \div 42 =$
19	$897 \div 69 =$
20	$192 \div 12 =$

점수		확인	

제4회
가감암산 **1교시**

제한시간 : 3분

걸린시간 : _____ 분 _____ 초

1	2	3	4	5
61	205	84	470	71
98	96	110	−87	465
209	−65	−59	63	−69
−83	−87	406	74	318
302	578	−73	−58	−71
−74	−94	61	159	24
−96	46	−35	−42	−93

6	7	8	9	10
581	607	567	58	645
28	−68	16	46	70
394	109	−68	107	−98
−17	53	95	269	514
−52	−86	432	−53	57
46	−24	−79	−79	−43
−13	45	−34	−67	−16

점수		확인	

걸린시간 : _____ 분 _____ 초

1	53 × 49 =
2	96 × 18 =
3	24 × 79 =
4	38 × 63 =
5	74 × 34 =
6	27 × 45 =
7	53 × 58 =
8	67 × 13 =
9	29 × 87 =
10	86 × 32 =
11	3109 × 7 =
12	2356 × 9 =
13	6485 × 2 =
14	7327 × 6 =
15	4673 × 4 =
16	4 × 5299 =
17	3 × 4527 =
18	8 × 1598 =
19	2 × 8894 =
20	5 × 9132 =

점수		확인	

걸린시간 : _____ 분 _____ 초

1	448 ÷ 56 =	
2	261 ÷ 29 =	
3	185 ÷ 37 =	
4	378 ÷ 54 =	
5	175 ÷ 25 =	
6	102 ÷ 17 =	
7	272 ÷ 34 =	
8	469 ÷ 67 =	
9	265 ÷ 53 =	
10	644 ÷ 92 =	
11	574 ÷ 14 =	
12	294 ÷ 21 =	
13	272 ÷ 16 =	
14	385 ÷ 35 =	
15	516 ÷ 43 =	
16	912 ÷ 57 =	
17	585 ÷ 39 =	
18	799 ÷ 47 =	
19	532 ÷ 28 =	
20	952 ÷ 68 =	

점수

확인

걸린시간 : _____ 분 _____ 초

1	2	3	4	5
567	715	509	130	83
26	-48	356	19	539
-98	126	41	-97	-47
-51	-43	-64	251	-16
379	86	-62	-58	-28
-36	40	58	35	441
15	-97	-43	-24	35

6	7	8	9	10
45	702	325	709	267
39	15	46	-74	821
102	-38	-94	92	-89
-78	-97	-81	463	79
383	-46	683	-64	-43
-86	253	72	38	-56
-13	74	-57	-77	74

점 수		확 인	

걸린시간 : _____ 분 _____ 초

1	27 × 61 =
2	68 × 37 =
3	92 × 28 =
4	39 × 43 =
5	18 × 76 =
6	73 × 36 =
7	89 × 54 =
8	56 × 85 =
9	15 × 97 =
10	47 × 48 =
11	6102 × 5 =
12	7474 × 9 =
13	2956 × 2 =
14	2589 × 4 =
15	9654 × 3 =
16	2 × 4205 =
17	6 × 1338 =
18	8 × 8745 =
19	7 × 5623 =
20	3 × 3127 =

점수 □   확인 □

걸린시간 : _____ 분 _____ 초

1	$592 \div 74 =$
2	$340 \div 85 =$
3	$152 \div 19 =$
4	$873 \div 97 =$
5	$128 \div 64 =$
6	$364 \div 52 =$
7	$438 \div 73 =$
8	$145 \div 29 =$
9	$184 \div 46 =$
10	$333 \div 37 =$
11	$475 \div 25 =$
12	$518 \div 37 =$
13	$484 \div 44 =$
14	$756 \div 12 =$
15	$286 \div 22 =$
16	$864 \div 32 =$
17	$816 \div 68 =$
18	$672 \div 48 =$
19	$492 \div 41 =$
20	$819 \div 39 =$

점수

확인

제6회
가감암산 1교시   제한시간 : 3분

걸린시간 : _____ 분 _____ 초

1	2	3	4	5
456	237	802	821	460
-28	59	-46	-86	-81
371	-43	531	43	57
27	-78	-46	379	348
-64	158	-53	-63	-28
-79	-92	79	-49	49
45	56	32	19	-21

6	7	8	9	10
940	175	368	465	261
-67	46	24	-38	92
143	-94	103	73	903
19	210	-31	-97	-74
-78	-57	-82	209	-47
-85	64	57	-91	86
24	-35	-79	86	-45

점수

확인

걸린시간 : _____ 분 _____ 초

1	$53 \times 64 =$
2	$45 \times 38 =$
3	$94 \times 26 =$
4	$72 \times 89 =$
5	$65 \times 23 =$
6	$18 \times 79 =$
7	$52 \times 63 =$
8	$93 \times 32 =$
9	$54 \times 48 =$
10	$82 \times 17 =$
11	$2239 \times 7 =$
12	$7806 \times 9 =$
13	$4132 \times 3 =$
14	$3258 \times 4 =$
15	$1574 \times 6 =$
16	$5 \times 4381 =$
17	$8 \times 5649 =$
18	$4 \times 8403 =$
19	$6 \times 6124 =$
20	$2 \times 9915 =$

점수

확인

걸린시간 : _____ 분 _____ 초

1	$504 \div 56 =$
2	$343 \div 49 =$
3	$248 \div 31 =$
4	$384 \div 64 =$
5	$135 \div 27 =$
6	$365 \div 73 =$
7	$182 \div 26 =$
8	$315 \div 35 =$
9	$258 \div 43 =$
10	$348 \div 58 =$
11	$442 \div 17 =$
12	$576 \div 48 =$
13	$891 \div 81 =$
14	$949 \div 73 =$
15	$442 \div 26 =$
16	$896 \div 64 =$
17	$676 \div 52 =$
18	$672 \div 42 =$
19	$885 \div 59 =$
20	$608 \div 32 =$

점수

확인

걸린시간 : _____ 분 _____ 초

1	2	3	4	5
59	913	61	867	685
-16	45	846	724	-53
548	-89	63	-32	17
97	380	-79	15	-26
-44	-92	478	-97	-18
-73	-35	-34	60	72
424	84	-45	-94	410

6	7	8	9	10
39	274	425	80	648
705	-36	-98	61	-50
-57	685	63	432	42
18	94	-21	-74	-36
-46	-57	359	-43	-89
323	18	-86	187	517
-73	-96	35	-97	64

점수		확인	

걸린시간 : _____ 분 _____ 초

1	52 × 39 =
2	48 × 87 =
3	91 × 46 =
4	53 × 75 =
5	15 × 92 =
6	96 × 64 =
7	32 × 89 =
8	67 × 74 =
9	23 × 28 =
10	84 × 13 =
11	5321 × 3 =
12	7096 × 9 =
13	3654 × 2 =
14	2593 × 4 =
15	1276 × 5 =
16	4 × 9707 =
17	3 × 4673 =
18	6 × 8865 =
19	8 × 5638 =
20	7 × 6449 =

점수

확인

걸린시간 : _____ 분 _____ 초

1	$532 \div 76 =$
2	$567 \div 63 =$
3	$147 \div 21 =$
4	$228 \div 76 =$
5	$195 \div 39 =$
6	$256 \div 32 =$
7	$126 \div 14 =$
8	$249 \div 83 =$
9	$432 \div 48 =$
10	$312 \div 52 =$
11	$672 \div 48 =$
12	$957 \div 87 =$
13	$552 \div 46 =$
14	$299 \div 23 =$
15	$510 \div 34 =$
16	$825 \div 75 =$
17	$372 \div 31 =$
18	$884 \div 52 =$
19	$156 \div 12 =$
20	$952 \div 28 =$

점수

확인

걸린시간 : _____ 분 _____ 초

1	2	3	4	5
56	789	15	402	97
408	25	627	351	28
-69	-53	-34	-27	-46
-81	-58	569	-18	159
57	434	43	73	-65
329	-76	-82	97	-24
-31	92	-78	-74	403

6	7	8	9	10
17	210	56	19	67
452	-56	79	367	507
-89	87	-43	-48	-94
325	69	157	681	-18
-78	-73	381	-95	-13
-43	-45	-98	-51	229
21	174	-84	26	36

점수

확인

걸린시간 : _____ 분 _____ 초

1	$82 \times 31 =$
2	$45 \times 56 =$
3	$39 \times 27 =$
4	$25 \times 78 =$
5	$68 \times 67 =$
6	$76 \times 43 =$
7	$83 \times 99 =$
8	$92 \times 17 =$
9	$54 \times 51 =$
10	$73 \times 89 =$
11	$2907 \times 6 =$
12	$1234 \times 5 =$
13	$5496 \times 2 =$
14	$4215 \times 3 =$
15	$3977 \times 8 =$
16	$5 \times 6317 =$
17	$9 \times 8349 =$
18	$7 \times 9508 =$
19	$4 \times 7121 =$
20	$4 \times 3852 =$

| 점수 | | 확인 | |

걸린시간 : _____ 분 _____ 초

1	$234 \div 39 =$
2	$612 \div 68 =$
3	$147 \div 49 =$
4	$135 \div 15 =$
5	$366 \div 61 =$
6	$245 \div 35 =$
7	$432 \div 72 =$
8	$184 \div 23 =$
9	$324 \div 54 =$
10	$266 \div 38 =$
11	$272 \div 17 =$
12	$672 \div 24 =$
13	$945 \div 45 =$
14	$414 \div 23 =$
15	$868 \div 62 =$
16	$876 \div 73 =$
17	$972 \div 36 =$
18	$867 \div 51 =$
19	$180 \div 12 =$
20	$779 \div 41 =$

점수

확인

걸린시간 : _____ 분 _____ 초

1	2	3	4	5
142	23	257	367	423
39	−15	−18	59	−56
601	238	14	−43	90
−78	−39	79	506	267
−58	−37	−29	−48	−45
−57	152	−32	−12	12
95	74	327	71	−92

6	7	8	9	10
712	457	24	368	42
81	68	536	94	508
−64	213	−49	472	−64
−63	−65	367	−56	231
−97	−34	−91	−91	−85
526	96	98	73	−97
35	−72	−23	−81	13

점수		확인	

제9회
승암산 **2교시**

제한시간 : 3분

걸린시간 : _____ 분 _____ 초

1	53 × 62 =
2	15 × 97 =
3	68 × 34 =
4	41 × 71 =
5	83 × 29 =
6	34 × 87 =
7	96 × 23 =
8	18 × 65 =
9	53 × 49 =
10	21 × 78 =
11	1563 × 7 =
12	5327 × 9 =
13	9245 × 2 =
14	4876 × 3 =
15	3419 × 6 =
16	5 × 8481 =
17	4 × 2907 =
18	8 × 3654 =
19	9 × 6418 =
20	3 × 7212 =

점수

확인

걸린시간 : _____ 분 _____ 초

1	390 ÷ 65 =	
2	423 ÷ 47 =	
3	174 ÷ 29 =	
4	744 ÷ 93 =	
5	315 ÷ 35 =	
6	246 ÷ 41 =	
7	186 ÷ 62 =	
8	513 ÷ 57 =	
9	511 ÷ 73 =	
10	576 ÷ 96 =	
11	646 ÷ 17 =	
12	513 ÷ 27 =	
13	782 ÷ 34 =	
14	936 ÷ 52 =	
15	182 ÷ 13 =	
16	832 ÷ 26 =	
17	795 ÷ 53 =	
18	675 ÷ 45 =	
19	792 ÷ 72 =	
20	972 ÷ 81 =	

점수

확인

제10회
가감암산 1교시
제한시간 : 3분

걸린시간 : _____ 분 _____ 초

1	2	3	4	5
315	516	197	736	160
49	-28	46	60	-45
-28	35	-81	-57	51
457	623	302	-41	36
-68	-81	72	453	-68
-52	-14	-84	-85	384
34	70	-25	24	-27

6	7	8	9	10
367	45	187	683	395
-59	-37	94	-45	854
-42	562	248	14	-59
13	-71	-39	272	-21
826	85	-56	-30	-97
-35	624	-72	-16	39
74	-46	35	53	73

점수

확인

걸린시간 : _____ 분 _____ 초

1	$59 \times 46 =$
2	$23 \times 74 =$
3	$46 \times 92 =$
4	$98 \times 63 =$
5	$75 \times 24 =$
6	$62 \times 19 =$
7	$84 \times 27 =$
8	$97 \times 35 =$
9	$38 \times 87 =$
10	$53 \times 18 =$
11	$5237 \times 4 =$
12	$9323 \times 5 =$
13	$2678 \times 7 =$
14	$4597 \times 2 =$
15	$1694 \times 8 =$
16	$3 \times 3218 =$
17	$6 \times 7246 =$
18	$4 \times 8279 =$
19	$8 \times 2845 =$
20	$9 \times 6062 =$

점수

확인

제10회
제암산 **3교시**   제한시간 : 3분

걸린시간 : _____ 분 _____ 초

1	424 ÷ 53 =
2	162 ÷ 27 =
3	387 ÷ 43 =
4	273 ÷ 39 =
5	558 ÷ 62 =
6	497 ÷ 71 =
7	336 ÷ 84 =
8	144 ÷ 16 =
9	196 ÷ 28 =
10	210 ÷ 35 =
11	459 ÷ 17 =
12	595 ÷ 35 =
13	945 ÷ 63 =
14	285 ÷ 15 =
15	884 ÷ 68 =
16	396 ÷ 36 =
17	952 ÷ 56 =
18	416 ÷ 32 =
19	943 ÷ 41 =
20	864 ÷ 72 =

점수

확인

걸린시간 : _____ 분 _____ 초

1	2	3	4	5
683	86	420	395	160
−74	21	−32	56	−45
219	453	−74	−34	51
−85	−25	84	−42	736
−58	−47	42	85	85
32	814	615	−71	−63
21	−69	−11	304	−39

6	7	8	9	10
257	625	67	907	586
43	−48	−32	−54	−42
−39	334	596	73	297
−16	29	419	−86	−32
175	−76	−78	327	71
−98	−57	−24	−95	−86
21	17	75	19	23

점수		확인	

2교시

제한시간 : 3분

걸린시간 : _____ 분 _____ 초

1	32 × 79 =
2	15 × 64 =
3	75 × 34 =
4	51 × 87 =
5	16 × 26 =
6	28 × 43 =
7	51 × 97 =
8	49 × 85 =
9	92 × 69 =
10	86 × 38 =
11	4231 × 7 =
12	2397 × 5 =
13	3874 × 8 =
14	5646 × 3 =
15	9413 × 2 =
16	5 × 7008 =
17	4 × 1782 =
18	6 × 8574 =
19	9 × 6135 =
20	7 × 2938 =

점수

확인

걸린시간 : _____ 분 _____ 초

1	425 ÷ 85 =
2	819 ÷ 91 =
3	415 ÷ 83 =
4	216 ÷ 24 =
5	175 ÷ 25 =
6	522 ÷ 58 =
7	259 ÷ 37 =
8	171 ÷ 19 =
9	536 ÷ 67 =
10	364 ÷ 52 =
11	196 ÷ 14 =
12	345 ÷ 23 =
13	756 ÷ 42 =
14	494 ÷ 38 =
15	946 ÷ 86 =
16	630 ÷ 45 =
17	583 ÷ 53 =
18	361 ÷ 19 =
19	975 ÷ 75 =
20	783 ÷ 27 =

점수

확인

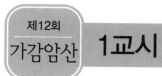

제12회
가감암산 **1교시**

제한시간 : 3분

걸린시간 : _____ 분 _____ 초

1	2	3	4	5
362	17	460	97	249
47	390	-15	509	467
234	-89	-63	-48	-28
-73	68	26	-32	16
-97	-53	106	517	-95
58	-42	78	-36	-32
-32	774	-93	71	97

6	7	8	9	10
403	943	357	19	61
97	46	19	37	520
58	-40	-46	658	64
-42	53	-21	-98	-91
-86	-13	697	346	651
113	512	83	-88	-62
-75	-58	-45	-39	-87

점수		확인	

걸린시간 : _____ 분 _____ 초

1	42 × 39 =
2	63 × 51 =
3	91 × 23 =
4	17 × 82 =
5	72 × 49 =
6	58 × 66 =
7	24 × 73 =
8	84 × 34 =
9	75 × 21 =
10	19 × 96 =
11	9147 × 4 =
12	3018 × 5 =
13	2569 × 8 =
14	4572 × 9 =
15	5981 × 2 =
16	2 × 6235 =
17	3 × 7324 =
18	6 × 3798 =
19	4 × 1653 =
20	7 × 8415 =

점수

확인

제12회
제암산 **3교시**

제한시간 : 3분

걸린시간 : _____ 분 _____ 초

1	$162 \div 18 =$
2	$342 \div 57 =$
3	$287 \div 41 =$
4	$234 \div 26 =$
5	$228 \div 38 =$
6	$434 \div 62 =$
7	$232 \div 29 =$
8	$301 \div 43 =$
9	$576 \div 64 =$
10	$378 \div 42 =$
11	$312 \div 13 =$
12	$954 \div 53 =$
13	$852 \div 71 =$
14	$592 \div 16 =$
15	$987 \div 47 =$
16	$649 \div 59 =$
17	$741 \div 13 =$
18	$490 \div 49 =$
19	$578 \div 34 =$
20	$845 \div 65 =$

점수

확인

걸린시간 : _____ 분 _____ 초

1	2	3	4	5
403	59	201	50	894
71	237	44	625	-79
-97	468	-51	-72	17
658	-94	853	691	-53
-42	-56	-94	19	-32
-84	13	69	-83	65
15	-64	-35	-48	340

6	7	8	9	10
908	193	97	91	509
96	78	-18	409	91
-32	-24	971	-21	235
-57	509	-36	-97	-64
714	-31	623	72	-78
-83	-56	-42	366	-18
21	45	35	-57	87

점수	
확인	

걸린시간 : _____ 분 _____ 초

1	$54 \times 39 =$
2	$27 \times 53 =$
3	$68 \times 43 =$
4	$13 \times 98 =$
5	$71 \times 82 =$
6	$97 \times 67 =$
7	$36 \times 29 =$
8	$18 \times 46 =$
9	$62 \times 73 =$
10	$45 \times 81 =$
11	$9318 \times 7 =$
12	$2589 \times 6 =$
13	$3546 \times 8 =$
14	$8427 \times 9 =$
15	$5934 \times 3 =$
16	$5 \times 1586 =$
17	$4 \times 3254 =$
18	$2 \times 4109 =$
19	$7 \times 7954 =$
20	$8 \times 6532 =$

점수

확인

걸린시간 : _____ 분 _____ 초

1	$264 \div 33 =$
2	$534 \div 89 =$
3	$351 \div 39 =$
4	$329 \div 47 =$
5	$120 \div 15 =$
6	$177 \div 59 =$
7	$312 \div 78 =$
8	$728 \div 91 =$
9	$372 \div 62 =$
10	$252 \div 28 =$
11	$195 \div 13 =$
12	$798 \div 38 =$
13	$924 \div 84 =$
14	$609 \div 29 =$
15	$192 \div 16 =$
16	$913 \div 83 =$
17	$768 \div 48 =$
18	$731 \div 43 =$
19	$273 \div 21 =$
20	$684 \div 57 =$

| 점수 | | 확인 | |

제14회
가감암산 1교시

제한시간 : 3분

걸린시간 : _____ 분 _____ 초

1	2	3	4	5
705	459	46	697	459
42	26	539	-13	821
-56	-13	52	-59	-48
-74	-97	-91	481	-73
208	58	294	-12	15
-37	-51	-96	81	-27
29	362	-19	46	56

6	7	8	9	10
709	567	398	56	25
-98	26	13	94	39
16	-39	-27	-27	-47
437	-97	-39	-36	607
-83	301	841	258	-98
25	-85	94	102	193
-72	43	-82	-75	-84

점수

확인

걸린시간 : _____ 분 _____ 초

1	$97 \times 53 =$
2	$38 \times 27 =$
3	$16 \times 84 =$
4	$25 \times 76 =$
5	$44 \times 82 =$
6	$62 \times 39 =$
7	$53 \times 45 =$
8	$72 \times 57 =$
9	$26 \times 64 =$
10	$19 \times 98 =$
11	$3571 \times 7 =$
12	$1238 \times 9 =$
13	$4531 \times 8 =$
14	$2904 \times 3 =$
15	$9153 \times 4 =$
16	$5 \times 6442 =$
17	$6 \times 3165 =$
18	$2 \times 5208 =$
19	$4 \times 7358 =$
20	$9 \times 8214 =$

| 점수 | | 확인 | |

걸린시간 : _____ 분 _____ 초

1	405 ÷ 81 =
2	343 ÷ 49 =
3	256 ÷ 32 =
4	378 ÷ 63 =
5	729 ÷ 81 =
6	324 ÷ 36 =
7	352 ÷ 44 =
8	144 ÷ 24 =
9	712 ÷ 89 =
10	203 ÷ 29 =
11	187 ÷ 17 =
12	754 ÷ 29 =
13	684 ÷ 38 =
14	492 ÷ 41 =
15	648 ÷ 54 =
16	675 ÷ 25 =
17	792 ÷ 72 =
18	744 ÷ 62 =
19	979 ÷ 89 =
20	864 ÷ 72 =

점수

확인

걸린시간 : _____ 분 _____ 초

1	2	3	4	5
709	19	67	15	59
−56	74	−14	67	−43
−37	−18	93	−24	18
13	395	256	703	504
84	−47	−39	−98	−97
391	203	−78	−36	142
−28	−36	145	231	−26

6	7	8	9	10
45	63	608	403	901
794	−15	−73	−97	−79
−44	751	−97	−58	−84
−52	412	43	42	43
28	−48	859	−36	−38
534	−89	28	84	15
−11	31	−41	105	460

점수		확인	

제15회
승암산 **2교시** 제한시간 : 3분

걸린시간 : _____ 분 _____ 초

1	28 × 59 =	
2	43 × 71 =	
3	75 × 23 =	
4	29 × 42 =	
5	46 × 65 =	
6	21 × 97 =	
7	34 × 64 =	
8	83 × 18 =	
9	47 × 53 =	
10	53 × 32 =	
11	8525 × 7 =	
12	3413 × 2 =	
13	5612 × 6 =	
14	1056 × 5 =	
15	2589 × 3 =	
16	5 × 6809 =	
17	4 × 4538 =	
18	8 × 7214 =	
19	3 × 9141 =	
20	9 × 3597 =	

점수

확인

걸린시간 : _____ 분 _____ 초

1	$574 \div 82 =$
2	$387 \div 43 =$
3	$259 \div 37 =$
4	$232 \div 29 =$
5	$765 \div 85 =$
6	$558 \div 62 =$
7	$438 \div 73 =$
8	$656 \div 82 =$
9	$180 \div 36 =$
10	$432 \div 48 =$
11	$180 \div 15 =$
12	$494 \div 38 =$
13	$928 \div 29 =$
14	$480 \div 48 =$
15	$845 \div 65 =$
16	$714 \div 34 =$
17	$559 \div 43 =$
18	$651 \div 21 =$
19	$864 \div 72 =$
20	$462 \div 42 =$

점수 　　　　확인

제16회
가감암산 **1교시**

제한시간 : 3분

걸린시간 : _____ 분 _____ 초

1	2	3	4	5
304	971	85	89	201
-23	-18	13	61	-46
61	30	-24	-75	-30
-43	402	305	205	53
96	-76	-46	-16	715
-81	95	-52	-74	-69
172	-19	179	317	42

6	7	8	9	10
690	569	16	56	97
-72	-97	97	34	-13
93	-85	-28	-27	85
-18	16	-43	-43	-28
-47	354	509	405	562
398	-24	-35	-19	279
51	38	102	218	-57

점수

확인

걸린시간 : _____ 분 _____ 초

1	$32 \times 24 =$
2	$97 \times 19 =$
3	$35 \times 26 =$
4	$47 \times 75 =$
5	$82 \times 34 =$
6	$73 \times 25 =$
7	$91 \times 43 =$
8	$86 \times 72 =$
9	$54 \times 91 =$
10	$63 \times 52 =$

11	$3765 \times 4 =$
12	$1346 \times 9 =$
13	$9075 \times 2 =$
14	$8432 \times 3 =$
15	$5689 \times 8 =$
16	$3 \times 2107 =$
17	$6 \times 4832 =$
18	$7 \times 3521 =$
19	$4 \times 6458 =$
20	$5 \times 7993 =$

| 점수 | | 확인 | |

3교시

제한시간 : 3분

걸린시간 : _____ 분 _____ 초

1	492 ÷ 82 =
2	369 ÷ 41 =
3	104 ÷ 13 =
4	266 ÷ 38 =
5	441 ÷ 63 =
6	261 ÷ 29 =
7	344 ÷ 43 =
8	512 ÷ 64 =
9	425 ÷ 85 =
10	371 ÷ 53 =
11	195 ÷ 15 =
12	483 ÷ 23 =
13	931 ÷ 49 =
14	972 ÷ 81 =
15	725 ÷ 25 =
16	196 ÷ 14 =
17	803 ÷ 73 =
18	986 ÷ 58 =
19	864 ÷ 36 =
20	299 ÷ 23 =

| 점수 | | 확인 | |

걸린시간 : _____ 분 _____ 초

1	2	3	4	5
325	59	94	31	619
-59	24	87	-16	-83
47	-16	-26	97	64
207	307	205	-85	-15
-36	-95	-31	-24	-42
16	-83	-78	509	876
-72	102	523	384	21

6	7	8	9	10
356	879	53	489	645
34	-95	-16	56	-93
-48	-16	21	27	15
-97	27	294	-15	257
561	503	-87	-84	-86
-85	34	-95	-98	29
43	-48	152	102	-34

점수		확인	

제17회
승암산 **2교시**

제한시간 : 3분

걸린시간 : _____ 분 _____ 초

1	53 × 48 =
2	28 × 95 =
3	67 × 38 =
4	15 × 84 =
5	63 × 28 =
6	76 × 16 =
7	23 × 91 =
8	51 × 47 =
9	36 × 83 =
10	76 × 35 =
11	4762 × 3 =
12	5609 × 5 =
13	3921 × 8 =
14	1947 × 9 =
15	4785 × 4 =
16	6 × 6578 =
17	3 × 7423 =
18	2 × 8164 =
19	3 × 9017 =
20	7 × 2896 =

점수

확인

걸린시간 : _____ 분 _____ 초

1	210 ÷ 35 =
2	198 ÷ 22 =
3	225 ÷ 25 =
4	525 ÷ 75 =
5	672 ÷ 84 =
6	432 ÷ 72 =
7	348 ÷ 87 =
8	546 ÷ 91 =
9	483 ÷ 69 =
10	216 ÷ 27 =
11	442 ÷ 17 =
12	299 ÷ 23 =
13	735 ÷ 35 =
14	492 ÷ 41 =
15	935 ÷ 85 =
16	962 ÷ 74 =
17	910 ÷ 65 =
18	957 ÷ 29 =
19	924 ÷ 84 =
20	912 ÷ 57 =

점수

확인

제18회 가감암산 1교시

제한시간 : 3분

걸린시간 : _____ 분 _____ 초

1	2	3	4	5
789	16	69	249	53
-97	37	85	56	49
-85	521	-28	-31	-12
406	-49	-53	257	587
14	-97	641	-68	-98
-31	218	157	-43	104
48	-75	-14	15	-36

6	7	8	9	10
19	564	254	426	537
56	39	97	-82	-98
-24	-87	-86	56	82
861	-75	473	-62	-67
-97	361	12	531	204
452	-13	-95	-75	-76
-33	28	-48	12	35

점수

확인

걸린시간 : _____ 분 _____ 초

1	46 × 81 =
2	28 × 53 =
3	39 × 42 =
4	94 × 76 =
5	51 × 64 =
6	92 × 85 =
7	62 × 71 =
8	19 × 67 =
9	45 × 38 =
10	78 × 29 =
11	4072 × 2 =
12	6559 × 5 =
13	3128 × 8 =
14	1317 × 9 =
15	5432 × 4 =
16	4 × 3295 =
17	3 × 7864 =
18	2 × 2136 =
19	6 × 9603 =
20	7 × 8741 =

점수

확인

걸린시간 : _____ 분 _____ 초

1	112 ÷ 14 =
2	125 ÷ 25 =
3	228 ÷ 38 =
4	138 ÷ 46 =
5	534 ÷ 89 =
6	225 ÷ 75 =
7	427 ÷ 61 =
8	177 ÷ 59 =
9	252 ÷ 42 =
10	216 ÷ 24 =
11	182 ÷ 13 =
12	672 ÷ 32 =
13	638 ÷ 29 =
14	858 ÷ 78 =
15	551 ÷ 29 =
16	384 ÷ 32 =
17	912 ÷ 76 =
18	735 ÷ 21 =
19	187 ÷ 17 =
20	972 ÷ 36 =

점수

확인

걸린시간 : _____ 분 _____ 초

1	2	3	4	5
52	654	31	14	58
-16	28	94	97	-16
397	-97	-83	-26	27
-84	273	517	438	561
256	-62	-62	-89	-29
-89	35	105	-75	-36
27	-41	-29	103	423

6	7	8	9	10
56	37	78	36	879
27	-29	94	-17	28
-18	85	-57	928	-95
287	-64	-62	-85	58
-29	513	653	-96	-31
-98	-96	231	23	401
354	152	-94	305	-84

점수		확인	

걸린시간 : _____ 분 _____ 초

1	26 × 35 =	
2	67 × 76 =	
3	53 × 23 =	
4	48 × 61 =	
5	39 × 97 =	
6	16 × 85 =	
7	92 × 13 =	
8	46 × 59 =	
9	75 × 86 =	
10	32 × 54 =	
11	1584 × 8 =	
12	5687 × 5 =	
13	3512 × 6 =	
14	4763 × 7 =	
15	9125 × 3 =	
16	6 × 2186 =	
17	4 × 7534 =	
18	2 × 9851 =	
19	9 × 6049 =	
20	4 × 8568 =	

점수

확인

걸린시간 : _____ 분 _____ 초

1	581 ÷ 83 =
2	184 ÷ 23 =
3	245 ÷ 35 =
4	469 ÷ 67 =
5	801 ÷ 89 =
6	378 ÷ 54 =
7	224 ÷ 28 =
8	342 ÷ 38 =
9	477 ÷ 53 =
10	637 ÷ 91 =
11	425 ÷ 17 =
12	754 ÷ 26 =
13	555 ÷ 37 =
14	826 ÷ 59 =
15	989 ÷ 43 =
16	665 ÷ 19 =
17	288 ÷ 24 =
18	372 ÷ 31 =
19	832 ÷ 64 =
20	792 ÷ 72 =

점수		확인	

제20회 가감암산 1교시

제한시간 : 3분

걸린시간 : _____ 분 _____ 초

1	2	3	4	5
562	421	809	45	19
-97	67	-97	762	81
-85	-89	-56	31	-34
37	520	13	-98	-23
-26	-58	54	-24	102
19	-76	201	-83	358
103	34	-86	406	-95

6	7	8	9	10
31	87	95	419	907
28	56	85	-64	-95
-15	-49	-21	53	-87
607	199	-38	-25	10
-92	-78	159	658	-46
324	209	-34	27	213
-49	-39	265	-96	21

점수

확인

걸린시간 : _____ 분 _____ 초

1	58 × 91 =
2	46 × 56 =
3	37 × 95 =
4	23 × 74 =
5	19 × 81 =
6	63 × 32 =
7	14 × 58 =
8	72 × 27 =
9	83 × 41 =
10	69 × 96 =
11	7338 × 7 =
12	4642 × 2 =
13	8514 × 3 =
14	2056 × 9 =
15	5981 × 6 =
16	5 × 1357 =
17	7 × 6169 =
18	8 × 3652 =
19	9 × 2379 =
20	4 × 9325 =

점수

확인

걸린시간 : _____ 분 _____ 초

1	738 ÷ 82 =
2	161 ÷ 23 =
3	217 ÷ 31 =
4	108 ÷ 18 =
5	384 ÷ 64 =
6	267 ÷ 89 =
7	288 ÷ 72 =
8	112 ÷ 14 =
9	318 ÷ 53 =
10	196 ÷ 28 =
11	459 ÷ 17 =
12	913 ÷ 83 =
13	312 ÷ 24 =
14	945 ÷ 35 =
15	697 ÷ 17 =
16	518 ÷ 14 =
17	952 ÷ 68 =
18	948 ÷ 79 =
19	462 ÷ 42 =
20	858 ÷ 66 =

점수 [   ]   확인 [   ]

걸린시간 : _____ 분 _____ 초

1	2	3	4	5
762	56	31	872	25
-16	-23	-17	-95	34
-97	97	56	-83	-17
-83	-45	359	316	908
64	207	152	-78	652
801	152	-25	14	-13
34	-38	-43	37	-96

6	7	8	9	10
568	54	701	456	71
24	97	-56	-25	29
-93	-25	34	37	-62
56	568	238	-91	267
-41	-37	-92	-34	-13
842	251	43	63	-47
-78	-34	-19	248	108

점수		확인	

제21회
승암산 **2교시** 제한시간 : 3분

걸린시간 : _____ 분 _____ 초

1	81 × 72 =
2	36 × 94 =
3	85 × 58 =
4	79 × 41 =
5	37 × 19 =
6	62 × 36 =
7	76 × 42 =
8	26 × 58 =
9	93 × 61 =
10	49 × 27 =
11	5472 × 7 =
12	2978 × 6 =
13	4531 × 7 =
14	3864 × 8 =
15	8936 × 2 =
16	5 × 1049 =
17	3 × 7426 =
18	4 × 9352 =
19	6 × 5607 =
20	9 × 6173 =

점수

확인

걸린시간 : _____ 분 _____ 초

1	$176 \div 22 =$
2	$819 \div 91 =$
3	$168 \div 24 =$
4	$210 \div 35 =$
5	$171 \div 57 =$
6	$117 \div 13 =$
7	$476 \div 68 =$
8	$216 \div 27 =$
9	$486 \div 81 =$
10	$395 \div 79 =$
11	$198 \div 11 =$
12	$966 \div 46 =$
13	$637 \div 49 =$
14	$512 \div 16 =$
15	$996 \div 83 =$
16	$297 \div 27 =$
17	$646 \div 38 =$
18	$988 \div 52 =$
19	$182 \div 13 =$
20	$864 \div 24 =$

점수

확인

제22회
가감암산 **1교시**

제한시간 : 3분

걸린시간 : _____ 분 _____ 초

1	2	3	4	5
908	853	19	453	153
-16	-93	63	521	-97
37	-87	-25	-35	56
-95	34	512	-64	-41
541	-76	-91	92	-38
-64	531	214	-27	232
23	45	-37	76	19

6	7	8	9	10
789	79	419	519	37
253	15	-67	56	591
-92	-26	258	-34	-24
56	231	-83	-82	76
-38	127	75	75	-35
-87	-98	-42	216	302
24	-34	81	-16	-13

점수		확인	

걸린시간 : _____ 분 _____ 초

1	23 × 71 =
2	43 × 65 =
3	15 × 73 =
4	78 × 81 =
5	95 × 36 =
6	64 × 42 =
7	29 × 84 =
8	17 × 92 =
9	58 × 35 =
10	36 × 42 =
11	8061 × 7 =
12	5648 × 6 =
13	4325 × 5 =
14	9856 × 4 =
15	1477 × 3 =
16	5 × 3099 =
17	9 × 2358 =
18	8 × 3219 =
19	6 × 7513 =
20	2 × 6704 =

점수		확인	

제22회
제암산 **3교시**

제한시간 : 3분

걸린시간 : _____ 분 _____ 초

1	336 ÷ 42 =
2	498 ÷ 83 =
3	322 ÷ 46 =
4	189 ÷ 21 =
5	304 ÷ 38 =
6	315 ÷ 45 =
7	525 ÷ 75 =
8	261 ÷ 29 =
9	280 ÷ 35 =
10	384 ÷ 64 =
11	169 ÷ 13 =
12	728 ÷ 56 =
13	900 ÷ 25 =
14	817 ÷ 43 =
15	432 ÷ 36 =
16	946 ÷ 86 =
17	852 ÷ 71 =
18	324 ÷ 27 =
19	624 ÷ 16 =
20	713 ÷ 23 =

| 점수 | | 확인 | |

걸린시간 : _____ 분 _____ 초

1	2	3	4	5
695	907	90	792	76
-53	-95	741	-17	-32
-61	-63	-56	-69	821
412	-84	-29	306	-41
-29	521	403	-51	-87
87	42	65	74	453
63	16	-39	15	17

6	7	8	9	10
210	502	945	41	87
-43	-68	-78	607	-54
-87	57	13	-96	810
98	-72	-27	52	509
152	-46	89	-89	43
-81	413	765	-63	-61
76	95	-34	104	-58

점수		확인	

걸린시간 : _____ 분 _____ 초

1	$15 \times 74 =$
2	$98 \times 62 =$
3	$25 \times 72 =$
4	$63 \times 47 =$
5	$39 \times 81 =$
6	$56 \times 48 =$
7	$43 \times 31 =$
8	$19 \times 95 =$
9	$27 \times 86 =$
10	$75 \times 34 =$
11	$4327 \times 7 =$
12	$9569 \times 6 =$
13	$2365 \times 8 =$
14	$1297 \times 9 =$
15	$3579 \times 7 =$
16	$5 \times 3174 =$
17	$3 \times 7856 =$
18	$4 \times 8642 =$
19	$2 \times 5317 =$
20	$7 \times 6438 =$

점수

확인

걸린시간 : _____ 분 _____ 초

1	$324 \div 81 =$
2	$203 \div 29 =$
3	$272 \div 34 =$
4	$384 \div 48 =$
5	$285 \div 57 =$
6	$186 \div 62 =$
7	$365 \div 73 =$
8	$492 \div 82 =$
9	$230 \div 46 =$
10	$513 \div 57 =$
11	$612 \div 17 =$
12	$495 \div 45 =$
13	$975 \div 75 =$
14	$832 \div 64 =$
15	$676 \div 52 =$
16	$473 \div 43 =$
17	$798 \div 38 =$
18	$841 \div 29 =$
19	$192 \div 12 =$
20	$972 \div 27 =$

| 점수 | | 확인 | |

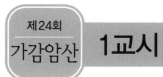
걸린시간 : _____ 분 _____ 초

1	2	3	4	5
620	415	90	740	741
-97	-68	-31	-96	-56
-64	-78	213	35	23
75	94	76	306	-97
-57	-50	354	-98	308
519	281	-23	74	16
78	92	-39	-24	-81

6	7	8	9	10
404	762	16	538	765
-19	-68	437	306	-85
71	-36	501	-18	-64
-23	81	-69	-94	32
375	523	93	-72	428
-80	87	-34	93	16
92	-53	-47	85	-43

점수		확인	

걸린시간 : _____ 분 _____ 초

1	42 × 53 =
2	16 × 87 =
3	23 × 56 =
4	35 × 34 =
5	45 × 82 =
6	64 × 98 =
7	58 × 46 =
8	69 × 71 =
9	73 × 29 =
10	92 × 15 =
11	6207 × 7 =
12	2589 × 8 =
13	3456 × 7 =
14	4783 × 6 =
15	1985 × 9 =
16	5 × 4035 =
17	2 × 8724 =
18	3 × 7534 =
19	4 × 9348 =
20	5 × 5127 =

점수

확인

제24회
제암산 **3교시**
제한시간 : 3분

걸린시간 : _____ 분 _____ 초

1	$426 \div 71 =$
2	$387 \div 43 =$
3	$266 \div 38 =$
4	$135 \div 27 =$
5	$448 \div 64 =$
6	$114 \div 19 =$
7	$472 \div 59 =$
8	$324 \div 54 =$
9	$207 \div 23 =$
10	$657 \div 73 =$
11	$275 \div 25 =$
12	$988 \div 76 =$
13	$276 \div 23 =$
14	$714 \div 34 =$
15	$952 \div 56 =$
16	$372 \div 31 =$
17	$855 \div 45 =$
18	$780 \div 65 =$
19	$962 \div 74 =$
20	$684 \div 19 =$

점수

확인

걸린시간 : _____ 분 _____ 초

1	2	3	4	5
387	658	401	763	49
-40	47	-90	-29	438
-63	-36	-89	93	-42
52	-29	12	514	72
-78	25	-67	-18	-23
29	-81	78	-52	127
106	269	125	84	-47

6	7	8	9	10
305	68	810	56	965
-56	730	-93	14	-42
92	607	54	-22	-97
25	23	-31	368	430
-48	-24	215	-92	15
123	-19	-19	-41	-38
-81	-41	26	279	21

점수		확인	

걸린시간 : _____ 분 _____ 초

1	$13 \times 78 =$
2	$24 \times 76 =$
3	$56 \times 39 =$
4	$65 \times 25 =$
5	$79 \times 19 =$
6	$83 \times 46 =$
7	$93 \times 13 =$
8	$27 \times 94 =$
9	$48 \times 56 =$
10	$36 \times 82 =$
11	$2079 \times 7 =$
12	$5987 \times 8 =$
13	$3256 \times 4 =$
14	$4513 \times 3 =$
15	$7524 \times 2 =$
16	$5 \times 1797 =$
17	$3 \times 8235 =$
18	$2 \times 9361 =$
19	$6 \times 5204 =$
20	$7 \times 6149 =$

점수		확인	

걸린시간 : _____ 분 _____ 초

1	$144 \div 16 =$
2	$282 \div 47 =$
3	$135 \div 15 =$
4	$588 \div 84 =$
5	$511 \div 73 =$
6	$135 \div 27 =$
7	$414 \div 69 =$
8	$357 \div 51 =$
9	$192 \div 24 =$
10	$185 \div 37 =$
11	$396 \div 33 =$
12	$558 \div 31 =$
13	$845 \div 65 =$
14	$832 \div 13 =$
15	$954 \div 53 =$
16	$876 \div 73 =$
17	$294 \div 21 =$
18	$629 \div 37 =$
19	$559 \div 43 =$
20	$984 \div 82 =$

점수

확인

28쪽_ 3교시
① 6　② 9　③ 6　④ 8　⑤ 9　⑥ 6　⑦ 3
⑧ 9　⑨ 7　⑩ 6　⑪ 38　⑫ 19　⑬ 23　⑭ 18
⑮ 14　⑯ 32　⑰ 15　⑱ 15　⑲ 11　⑳ 12

제10회
29쪽_ 1교시
① 707　② 1121　③ 427　④ 1090　⑤ 491
⑥ 1144　⑦ 1162　⑧ 397　⑨ 931　⑩ 1184

30쪽_ 2교시
① 2714　② 1702　③ 4232　④ 6174　⑤ 1800
⑥ 1178　⑦ 2268　⑧ 3395　⑨ 3306　⑩ 954
⑪ 20948　⑫ 46615　⑬ 18746　⑭ 9194　⑮ 13552
⑯ 9654　⑰ 43476　⑱ 33116　⑲ 22760　⑳ 54558

31쪽_ 3교시
① 8　② 6　③ 9　④ 7　⑤ 9　⑥ 7　⑦ 4
⑧ 9　⑨ 7　⑩ 6　⑪ 27　⑫ 17　⑬ 15　⑭ 19
⑮ 13　⑯ 11　⑰ 17　⑱ 13　⑲ 23　⑳ 12

제11회
32쪽_ 1교시
① 738　② 1233　③ 1044　④ 693　⑤ 885
⑥ 343　⑦ 824　⑧ 1023　⑨ 1091　⑩ 817

33쪽_ 2교시
① 2528　② 960　③ 2550　④ 4437　⑤ 416
⑥ 1204　⑦ 4947　⑧ 4165　⑨ 6348　⑩ 3268
⑪ 29617　⑫ 11985　⑬ 30992　⑭ 16938　⑮ 18826
⑯ 35040　⑰ 7128　⑱ 51444　⑲ 55215　⑳ 20566

34쪽_ 3교시
① 5　② 9　③ 5　④ 9　⑤ 7　⑥ 9　⑦ 7
⑧ 9　⑨ 8　⑩ 7　⑪ 14　⑫ 15　⑬ 18　⑭ 13
⑮ 11　⑯ 14　⑰ 11　⑱ 19　⑲ 13　⑳ 29

제12회
35쪽_ 1교시
① 499　② 1065　③ 499　④ 1078　⑤ 674
⑥ 468　⑦ 1443　⑧ 1044　⑨ 835　⑩ 1056

36쪽_ 2교시
① 1638　② 3213　③ 2093　④ 1394　⑤ 3528
⑥ 3828　⑦ 1752　⑧ 2856　⑨ 1575　⑩ 1824
⑪ 36588　⑫ 15090　⑬ 20552　⑭ 41148　⑮ 11962
⑯ 12470　⑰ 21972　⑱ 22788　⑲ 6612　⑳ 58905

37쪽_ 3교시
① 9　② 6　③ 7　④ 9　⑤ 6　⑥ 7　⑦ 8
⑧ 7　⑨ 9　⑩ 9　⑪ 24　⑫ 18　⑬ 12　⑭ 37
⑮ 21　⑯ 11　⑰ 57　⑱ 10　⑲ 17　⑳ 13

제13회
38쪽_ 1교시
① 924　② 563　③ 987　④ 1182　⑤ 1152
⑥ 1567　⑦ 714　⑧ 1630　⑨ 763　⑩ 762

39쪽_ 2교시
① 2106　② 1431　③ 2924　④ 1274　⑤ 5822
⑥ 6499　⑦ 1044　⑧ 828　⑨ 4526　⑩ 3645
⑪ 65226　⑫ 15534　⑬ 28368　⑭ 75843　⑮ 17802
⑯ 7930　⑰ 13016　⑱ 8218　⑲ 55678　⑳ 52256

40쪽_ 3교시
① 8　② 6　③ 9　④ 7　⑤ 8　⑥ 3　⑦ 4
⑧ 8　⑨ 6　⑩ 9　⑪ 15　⑫ 21　⑬ 11　⑭ 21
⑮ 12　⑯ 11　⑰ 16　⑱ 17　⑲ 13　⑳ 12

제14회
41쪽_ 1교시
① 817　② 744　③ 725　④ 1221　⑤ 1203
⑥ 934　⑦ 716　⑧ 1198　⑨ 372　⑩ 635

42쪽_ 2교시
① 5141　② 1026　③ 1344　④ 1900　⑤ 3608
⑥ 2418　⑦ 2385　⑧ 4104　⑨ 1664　⑩ 1862
⑪ 24997　⑫ 11142　⑬ 36248　⑭ 8712　⑮ 36612
⑯ 32210　⑰ 18990　⑱ 10416　⑲ 29432　⑳ 73926

43쪽_ 3교시
① 5　② 7　③ 8　④ 6　⑤ 9　⑥ 9　⑦ 8
⑧ 6　⑨ 8　⑩ 7　⑪ 11　⑫ 26　⑬ 18　⑭ 12
⑮ 12　⑯ 27　⑰ 11　⑱ 12　⑲ 11　⑳ 12

제15회
44쪽_ 1교시
① 1076　② 590　③ 430　④ 858　⑤ 557
⑥ 1294　⑦ 1105　⑧ 1327　⑨ 443　⑩ 1218

45쪽_ 2교시
① 1652　② 3053　③ 1725　④ 1218　⑤ 2990
⑥ 2037　⑦ 2176　⑧ 1494　⑨ 2491　⑩ 1696
⑪ 59675　⑫ 6826　⑬ 33672　⑭ 5280　⑮ 7767
⑯ 34045　⑰ 18152　⑱ 57712　⑲ 27423　⑳ 32373

46쪽_ 3교시
① 7　② 9　③ 7　④ 8　⑤ 9　⑥ 9　⑦ 6
⑧ 8　⑨ 5　⑩ 9　⑪ 12　⑫ 13　⑬ 32　⑭ 10
⑮ 13　⑯ 21　⑰ 13　⑱ 31　⑲ 12　⑳ 11

제16회
47쪽_ 1교시
① 486　② 1385　③ 460　④ 507　⑤ 866
⑥ 1095　⑦ 771　⑧ 618　⑨ 624　⑩ 925

48쪽_ 2교시
① 768　② 1843　③ 910　④ 3525　⑤ 2788
⑥ 1825　⑦ 3913　⑧ 6192　⑨ 4914　⑩ 3276
⑪ 15060　⑫ 12114　⑬ 18150　⑭ 25296　⑮ 45512
⑯ 6321　⑰ 28992　⑱ 24647　⑲ 25832　⑳ 39965

49쪽_ 3교시
① 6　② 9　③ 8　④ 7　⑤ 7　⑥ 9　⑦ 8
⑧ 8　⑨ 5　⑩ 7　⑪ 13　⑫ 21　⑬ 19　⑭ 12
⑮ 29　⑯ 14　⑰ 11　⑱ 17　⑲ 24　⑳ 13

제17회
50쪽_ 1교시
① 428　② 298　③ 774　④ 896　⑤ 1440
⑥ 764　⑦ 1284　⑧ 322　⑨ 477　⑩ 733

51쪽_ 2교시
① 2544　② 2660　③ 2546　④ 1260　⑤ 1764
⑥ 1216　⑦ 2093　⑧ 2397　⑨ 2988　⑩ 2660
⑪ 14286　⑫ 28045　⑬ 31368　⑭ 17523　⑮ 19140
⑯ 39468　⑰ 22269　⑱ 16328　⑲ 27051　⑳ 20272

52쪽_ 3교시
① 6　② 9　③ 9　④ 7　⑤ 8　⑥ 6　⑦ 4
⑧ 6　⑨ 7　⑩ 8　⑪ 26　⑫ 13　⑬ 21　⑭ 12
⑮ 11　⑯ 13　⑰ 14　⑱ 33　⑲ 11　⑳ 16

제18회
53쪽_ 1교시
① 1044　② 571　③ 857　④ 435　⑤ 647
⑥ 1234　⑦ 817　⑧ 607　⑨ 806　⑩ 617

54쪽_ 2교시

① 3726 ② 1484 ③ 1638 ④ 7144 ⑤ 3264
⑥ 7820 ⑦ 4402 ⑧ 1273 ⑨ 1710 ⑩ 2262
⑪ 8144 ⑫ 32795 ⑬ 25024 ⑭ 11853 ⑮ 21728
⑯ 13180 ⑰ 23592 ⑱ 4272 ⑲ 57618 ⑳ 61187

55쪽_ 3교시

① 8 ② 5 ③ 6 ④ 3 ⑤ 6 ⑥ 3 ⑦ 7
⑧ 3 ⑨ 6 ⑩ 9 ⑪ 14 ⑫ 21 ⑬ 22 ⑭ 11
⑮ 19 ⑯ 12 ⑰ 12 ⑱ 35 ⑲ 11 ⑳ 27

제19회

56쪽_ 1교시

① 543 ② 790 ③ 573 ④ 462 ⑤ 988
⑥ 579 ⑦ 598 ⑧ 843 ⑨ 1094 ⑩ 1156

57쪽_ 2교시

① 910 ② 5092 ③ 1219 ④ 2928 ⑤ 3783
⑥ 1360 ⑦ 1196 ⑧ 2714 ⑨ 6450 ⑩ 1728
⑪ 12672 ⑫ 28435 ⑬ 21072 ⑭ 33341 ⑮ 27375
⑯ 13116 ⑰ 30136 ⑱ 19702 ⑲ 54441 ⑳ 34272

58쪽_ 3교시

① 7 ② 8 ③ 7 ④ 7 ⑤ 9 ⑥ 7 ⑦ 8
⑧ 9 ⑨ 9 ⑩ 7 ⑪ 25 ⑫ 29 ⑬ 15 ⑭ 14
⑮ 23 ⑯ 35 ⑰ 12 ⑱ 12 ⑲ 13 ⑳ 11

제20회

59쪽_ 1교시

① 513 ② 819 ③ 838 ④ 1039 ⑤ 408
⑥ 834 ⑦ 385 ⑧ 511 ⑨ 972 ⑩ 923

60쪽_ 2교시

① 5278 ② 2576 ③ 3515 ④ 1702 ⑤ 1539
⑥ 2016 ⑦ 812 ⑧ 1944 ⑨ 3403 ⑩ 6624
⑪ 51366 ⑫ 9284 ⑬ 25542 ⑭ 18504 ⑮ 35886
⑯ 6785 ⑰ 43183 ⑱ 29216 ⑲ 21411 ⑳ 37300

61쪽_ 3교시

① 9 ② 7 ③ 7 ④ 6 ⑤ 6 ⑥ 3 ⑦ 4
⑧ 8 ⑨ 6 ⑩ 7 ⑪ 27 ⑫ 11 ⑬ 13 ⑭ 27
⑮ 41 ⑯ 37 ⑰ 14 ⑱ 12 ⑲ 11 ⑳ 13

제21회

62쪽_ 1교시

① 1465 ② 406 ③ 513 ④ 983 ⑤ 1493
⑥ 1278 ⑦ 874 ⑧ 849 ⑨ 654 ⑩ 353

63쪽_ 2교시

① 5832 ② 3384 ③ 4930 ④ 3239 ⑤ 703
⑥ 2232 ⑦ 3192 ⑧ 1508 ⑨ 5673 ⑩ 1323
⑪ 38304 ⑫ 17868 ⑬ 31717 ⑭ 30912 ⑮ 17872
⑯ 5245 ⑰ 22278 ⑱ 37408 ⑲ 33642 ⑳ 55557

64쪽_ 3교시

① 8 ② 9 ③ 7 ④ 6 ⑤ 3 ⑥ 9 ⑦ 7
⑧ 8 ⑨ 6 ⑩ 5 ⑪ 18 ⑫ 21 ⑬ 13 ⑭ 32
⑮ 12 ⑯ 11 ⑰ 17 ⑱ 19 ⑲ 14 ⑳ 36

제22회

65쪽_ 1교시

① 1334 ② 1207 ③ 655 ④ 1016 ⑤ 284
⑥ 905 ⑦ 294 ⑧ 641 ⑨ 734 ⑩ 934

66쪽_ 2교시

① 1633 ② 2795 ③ 1095 ④ 6318 ⑤ 3420
⑥ 2688 ⑦ 2436 ⑧ 1564 ⑨ 2030 ⑩ 1512
⑪ 56427 ⑫ 33888 ⑬ 21625 ⑭ 39424 ⑮ 4431
⑯ 15495 ⑰ 21222 ⑱ 25752 ⑲ 45078 ⑳ 13408

67쪽_ 3교시

① 8 ② 6 ③ 7 ④ 9 ⑤ 8 ⑥ 7 ⑦ 7
⑧ 9 ⑨ 8 ⑩ 6 ⑪ 13 ⑫ 13 ⑬ 36 ⑭ 19
⑮ 12 ⑯ 11 ⑰ 12 ⑱ 12 ⑲ 39 ⑳ 31

제23회

68쪽_ 1교시

① 1114 ② 1244 ③ 1175 ④ 1050 ⑤ 1207
⑥ 325 ⑦ 881 ⑧ 1673 ⑨ 556 ⑩ 1276

69쪽_ 2교시

① 1110 ② 6076 ③ 1800 ④ 2961 ⑤ 3159
⑥ 2688 ⑦ 1333 ⑧ 1805 ⑨ 2322 ⑩ 2550
⑪ 30289 ⑫ 57414 ⑬ 18920 ⑭ 11673 ⑮ 25053
⑯ 15870 ⑰ 23568 ⑱ 34568 ⑲ 10634 ⑳ 45066

70쪽_ 3교시

① 4 ② 7 ③ 8 ④ 8 ⑤ 5 ⑥ 3 ⑦ 5
⑧ 6 ⑨ 5 ⑩ 9 ⑪ 36 ⑫ 11 ⑬ 13 ⑭ 13
⑮ 13 ⑯ 11 ⑰ 21 ⑱ 29 ⑲ 16 ⑳ 36

제24회

71쪽_ 1교시

① 1074 ② 686 ③ 640 ④ 937 ⑤ 854
⑥ 820 ⑦ 1296 ⑧ 897 ⑨ 838 ⑩ 1049

72쪽_ 2교시

① 2226 ② 1392 ③ 1288 ④ 1190 ⑤ 3690
⑥ 6272 ⑦ 2668 ⑧ 4899 ⑨ 2117 ⑩ 1380
⑪ 43449 ⑫ 20712 ⑬ 24192 ⑭ 28698 ⑮ 17865
⑯ 20175 ⑰ 17448 ⑱ 22602 ⑲ 37392 ⑳ 25635

73쪽_ 3교시

① 6 ② 9 ③ 7 ④ 5 ⑤ 7 ⑥ 6
⑦ 8 ⑧ 6 ⑨ 9 ⑩ 9 ⑪ 11 ⑫ 13
⑬ 12 ⑭ 21 ⑮ 17 ⑯ 12 ⑰ 19 ⑱ 12
⑲ 13 ⑳ 36

제25회

74쪽_ 1교시

① 393 ② 853 ③ 370 ④ 1355 ⑤ 574
⑥ 360 ⑦ 1344 ⑧ 962 ⑨ 562 ⑩ 1254

75쪽_ 2교시

① 1014 ② 1824 ③ 2184 ④ 1625 ⑤ 1501
⑥ 3818 ⑦ 1209 ⑧ 2538 ⑨ 2688 ⑩ 2952
⑪ 14553 ⑫ 47896 ⑬ 13024 ⑭ 13539 ⑮ 15048
⑯ 8985 ⑰ 24705 ⑱ 18722 ⑲ 31224 ⑳ 43043

76쪽_ 3교시

① 9 ② 6 ③ 9 ④ 7 ⑤ 7 ⑥ 5 ⑦ 6
⑧ 7 ⑨ 8 ⑩ 5 ⑪ 12 ⑫ 18 ⑬ 13 ⑭ 64
⑮ 18 ⑯ 12 ⑰ 14 ⑱ 17 ⑲ 13 ⑳ 12

수고하셨습니다.